EXTRAIT DES ANNALES

DE LA

SOCIÉTÉ ENTOMOLOGIQUE

DE FRANCE.

IIIᵉ SÉRIE, TOME . ᵉ TRIMESTRE DE 185

ARIS. — TYPOGRAPHIE ET LITH. FÉLIX MALTESTE et Cie
Rue des Deux-Portes-Saint-Sauveur, 22.

LÉPIDOPTÈRES

DE LA CALIFORNIE.

PAR

LE DOCTEUR J.-A. BOISDUVAL.

Extrait des Annales de la Société entomologique de France.
(Août 1852.)

PARIS,

TYPOGRAPHIE FÉLIX MALTESTE ET Cᵉ,

22, rue des Deux-Portes-Saint-Sauveur.

1852.

LÉPIDOPTÈRES

DE LA CALIFORNIE.

La Californie, cette vaste contrée du nord-ouest de l'Amérique qui, il y a quelques années à peine n'était guère connue que de nom, mais qui depuis la découverte de ses mines d'or est devenue le point de mire et le rendez-vous des émigrants de toutes les parties du monde, est encore un pays neuf sous le rapport de l'histoire naturelle, et particulièrement de l'entomologie. Ce n'est pas qu'on y manque aujourd'hui d'hommes suffisamment éclairés pour recueillir et envoyer en Europe des insectes, mais tous ces émigrants qui arrivent le cœur plein d'espérance, et qui croient leur fortune faite aussitôt qu'ils sont débarqués, commencent par se faire chercheurs d'or, courant de placers en placers jusqu'au moment de la déception. Alors ils s'aperçoivent que tous n'ont pas la main également heureuse, et qu'ils n'avaient pas compté sur la fatigue de travaux auxquels ils n'étaient pas habitués, et sur leur insuffisance pour les faire vivre : ces hommes, pour la plupart très intelligents, mais plus propres aux travaux de l'esprit qu'aux fatigues des mines, se résignent, par nécessité, à exercer certaines professions peu en rapport avec leur position primitive. Là c'est un avocat qui se fait cuisinier, ici un médecin qui est garçon de barre ou de café, ailleurs ce sont des premiers clercs d'avoués qui sont blanchisseurs ou garçons de bain, tel autre, ancien notaire, est commissionnaire ou jardinier, etc., etc. Heureux souvent celui qui trouve à s'employer ainsi, ou qui peut se créer une industrie quelconque. Ces victimes de l'émigration qui seraient les plus capables de recueillir des objets d'histoire naturelle et de faire des observations scientifiques, sont confinés dans les villes, où ils gagnent plus ou moins péniblement leur salaire et n'ont pas de loisirs. On ne peut donc pas compter sur leur concours. Quant aux chercheurs d'or qui sont sur les placers, ils n'ont qu'un but, et ce n'est certes pas d'étudier l'histoire naturelle.

Il est donc heureux pour la science que nous cultivons, qu'il se soit trouvé parmi les premiers un amateur passionné de l'entomologie, notre ancien collègue, M. Lorquin, qui ait eu le courage de s'imposer toutes sortes de privations pour amasser, avec des peines infinies, soit sur les placers, dans les premiers mois de son séjour, soit dans les excursions qu'il a faites dans les montagnes, la précieuse collection d'insectes de tous les ordres qu'il vient d'envoyer en France. Grâce au dévoûment de cet entomologue, nous aurons maintenant une sorte de *specimen* de la faune de cette intéressante partie du globe, dont jusqu'ici nous n'avions qu'une faible idée par les insectes rapportés par feu Eschscholtz qui, lors de son voyage dans l'Amérique russe, il y a environ vingt-cinq ans, avait visité la côte nord-ouest de la Californie, et plus récemment par ceux que nous a fait connaître M. Doubleday, et qui ont été recueillis par un naturaliste anglais, qui, peu de temps avant qu'il ne fût question des mines d'or, avait exploré les environs de San Francisco et une petite portion des montagnes rocheuses.

Les insectes de la Californie n'ont pas les couleurs splendides de ceux des régions inter-tropicales de l'Amérique, leur parure modeste les rapproche beaucoup, au contraire, de nos espèces européennes, et on peut dire qu'ils font le passage entre ces derniers et ceux de l'Amérique septentrionale. Pour les Lépidoptères, le seul ordre dont il soit ici question, presque toutes les espèces se rapportent à des genres européens, et quelques-unes même sont identiques avec celles de notre continent. Ce n'est pas sans quelque surprise que l'on voit que les genres *Parnassius* et *Limenitis*, que l'on croyait tout à fait étrangers à l'Amérique, se retrouvent dans la partie nord de la Californie. Mais c'est en vain que l'on espérerait y rencontrer des espèces appartenant à ces groupes américains si tranchés : comme, par exemple, les Erycinides, les Héliconides, les *Leptalis*, les *Euterpe*, les *Catagramma*, les *Cybdelis*, les *Heterochroa*, les Morphides, les Castnies, etc. Nous devons dire cependant que la *Danais archippe*, qui vit sur les *Asclepias*, depuis New-York jusqu'au Paraguay, habite aussi les environs du Sacramento, et que la *Vanessa Carye*, du Chili, remonte tout le long de la côte occidentale de l'Amérique jusqu'à San Francisco, où elle se trouve assez abondamment, en compagnie de deux espèces très voisines, *Cardui* et *Huntera*.

En Europe, nous avons certains genres dont les espèces produisent des individus nombreux, et que l'on rencontre un peu partout, tels que *Melitæa, Argynnis, Lycæna, Thecla, Satyrus, Syrichtus, Hesperia;* il en est de même en Californie, et les espèces, quoiques différentes, ont les mêmes habitudes. Les *Limenitis* ressemblent beaucoup aux nôtres par leurs mœurs, et doivent vivre de même sur quelques arbustes de la famille des Chèvrefeuilles. Dans toutes les parties découvertes et sablonneuses où la végétation est à peu près nulle, on ne voit rien voler, si ce n'est quelque Coliade égarée. Le bord des rivières, le voisinage des bois, les montagnes herbeuses et les lieux où il y a un commencement de culture, sont les seuls endroits où notre ex-collègue ait pris des Lépidoptères.

L'impossibilité où s'est trouvé M. Lorquin d'élever des chenilles à San Francisco et sur les placers, ou pendant ses excursions dans les montagnes de la Juba et du nord de la Californie, nous empêche d'étendre ces quelques mots de généralités aux Hétérocères, faute de matériaux suffisants. Toutes les espèces mentionnées dans cet opuscule ont été recueillies par M. Lorquin, à l'exception de cinq à six, qui nous ont été données par M. Doubleday. Nous pensons que les personnes qui étudient scientifiquement la lépidoptérologie nous sauront quelque gré de cette publication, qui a pour but de leur faire connaître des espèces d'autant plus intéressantes qu'elles forment un chaînon entre celles de la Sibérie et celles de l'Amérique du nord. Nous espérons aussi que, par amour de la science, M. Lorquin voudra bien encore continuer à nous faire connaître les espèces qui ont pu échapper à ses premières investigations.

RHOPALOCÈRES.

PAPILLONIDES.

1. Papilio rutulus.

Alæ dentatæ, flavæ margine nigro; anticæ fasciis quatuor nigris; posticæ fascia unica nigra, lunula incisuraque anali fulvis.

Il a tout à fait le port, la taille et le *facies* du *Turnus*, et il serait possible qu'il n'en fût qu'une modification. Dessus d'un jaune d'ocre, avec l'extrémité des quatre ailes assez largement encadrée de noir; les supérieures coupées par des nervures noires et marquées de cinq bandes transverses inégales, de la même couleur: la première a la base se continuant le long du repli abdominal des inférieures; la seconde descendant en s'amincissant jusque vers l'angle anal de ces mêmes ailes, et se courbant brusquement pour aller s'unir à la première; la troisième un peu déchiquetée, finissant sur le premier rameau de la nervure médiane; la quatrième à l'extrémité de la cellule discoïdale, ne dépassant pas la nervure médiane; la cinquième un peu plus courte; la bordure des premières ailes divisée par une raie de points oblongs d'un jaune d'ocre. Ailes inférieures ayant, outre le dessin mentionné, un trait ou arc noirâtre sur l'extrémité de la cellule discoïdale; une rangée marginale de six lunules, dont l'anale fauve, et les cinq autres d'un jaune d'ocre; l'échancrure anale bordée de fauve, surmontée, ainsi que la lunule interne, d'un groupe d'atomes bleus; le bord extérieur avec des dents larges et obtuses et une queue noire spatulée, de médiocre longueur, liserée de jaune en dedans, ainsi que toutes les échancrures. Dessous des premières

ailes presque semblable au dessus, les points marginaux
formant une raie continue, précédée en dedans d'une raie
d'atomes grisâtres ; celui des inférieurs ayant la bordure
saupoudrée de gris-jaunâtre, avec les lunules marginales
d'un jaune d'ocre, comme en dessus. Une rangée de
lunules bleuâtres sur le bord antérieur de la bordure.
Corps noirâtre en dessus, jaunâtre en dessous, avec deux
raies ventrales noires. Comme on le voit par cette description minutieuse, il diffère du *Turnus,* en ce que les
ailes inférieures sont dépourvues de lunule fauve sur
l'angle interne en dessus, et en ce que le dessous de ces
mêmes ailes n'a point les lunules fauves sur la bordure,
ni les taches sagittées que l'on aperçoit entre la bordure
et la cellule discoïdale chez ce dernier.

Il se trouve au printemps et en été.

2. Papilio eurymedon.

*Alæ dentatæ nigræ ; anticæ fasciis tribus punctisque
marginalibus albido-flavescentibus ; posticæ fasciis duabus
latis lunulisque marginalibus albido-flavescentibus ; inci-
sura anali lunulisque duabus fulvis.*

Ce beau Papillon a tout à fait le port du *Turnus,* mais
le noir domine beaucoup plus, et les bandes sont presque
blanches, ce qui le rend très distinct au premier aspect.
Fond des ailes très noir ; les supérieures ayant quatre
bandes d'un blanc un peu jaunâtre ; la première à la
base, la seconde avant la cellule discoïdale , la troisième,
très courte, représentée par un simple trait à l'extrémité
de la cellule discoïdale ; la quatrième bifide à son sommet
et réunie inférieurement à la seconde ; une rangée de
points oblongs marginaux expirant en s'amoindrissant

avant l'angle interne. Ailes inférieures avec deux larges
bandes blanchâtres, ou plutôt avec le disque blanchâtre,
coupé par une raie noire, comme dans *Turnus*; leur bordure divisée par une rangée de cinq lunules, dont les trois
antérieures blanchâtres, et les deux anales fauves; échancrure anale pareillement fauve, surmontée, ainsi que la
lunule interne, d'un groupe d'atomes bleus; queue noire,
médiocre, spatulée, liserée de blanchâtre, ainsi que les
échancrures. Dessous des premières ailes à peu près
comme le dessus. Dessous des secondes dessiné à peu
près comme dans le *Turnus*, mais beaucoup plus noir; la
bordure divisée tantôt par des lunules fauves, tantôt par
des lunules de la couleur du fond, sauf les deux anales et
l'échancrure de ce nom, qui sont toujours fauves; toutes
ces lunules surmontées d'un cordon de taches bleues.
Corps noir en dessus, avec deux raies blanches sur le
thorax; blanchâtre en dessous, avec deux raies ventrales
noires.

Vole aux mêmes époques que notre *Podalirius,* dont il
a les mœurs.

3. Papilio zolicaon.

*Alæ dentatæ, flavæ margine nigro; posticæ caudatæ
maculis cœrulcis serie digestis ocelloque anali ferrugineo
pupillato.*

Il est très voisin de notre *Machaon*, surtout de la variété *Sphyrus*. Au premier aspect il ressemble aussi beaucoup au *Sadalus* de Quito. Ailes supérieures noires,
traversées par une bande oblique, jaune, divisée en huit
taches par des nervures noires, comme dans *Machaon*;
cette bande précédée en dedans de deux traits et d'une

tache de sa couleur, également comme dans *Machaon*;
la bordure divisée par huit points jaunes. Ailes inférieures
dessinées comme dans *Machaon*; les lunules marginales
plus petites; l'œil anal d'un fauve-roux, cerclé de fauve-
jaune, et pupillé comme dans *Asterias* et *Sadalus*; queue
entièrement noire. Dessous différant très peu du dessus.
Corps noir, avec une bande latérale jaune. Comme on le
voit, il se distingue facilement de *Machaon*, par son œil
anal pupillé et le corps entièrement noir en dessous. On
ne peut non plus le confondre avec *Asterias* et *Sadalus*,
parce que la bande des premières ailes est précédée de
deux traits transversaux dans la cellule discoïdale, et
parce que le corps a une bande latérale jaune, et non
une série de points, comme dans les espèces en question.

Il a les mœurs de notre *Machaon*.

4. Papilio philenor, Linné.

Vit, comme aux États-Unis, sur l'*Aristolochia serpen-
taria*, et paraît de même au printemps et en été.

5. Parnassus nomion. Fisch. Ent. de la Russ. ii. tab. 6.

Ne me paraît pas différer des individus de la Sibérie
orientale. L'individu que je possède est peut-être un peu
plus noirâtre.

Montagnes rocheuses.

6. Parnassius smintheus, Doubl. et Hewits, Gen. Diurn. Lepid. tab. 4. fig. 4.

Montagnes rocheuses du nord.

C'est la plus petite des espèces connues; il est à peine
de la taille de la *Pieris Brassicæ*.

7. **Parnassius Clarius**, Eversm. Bull. de Mosc. xvi. 539,
fig. 1. *a. b. c.*

Alæ integræ albæ; posticæ ocellis minutis infraque basi maculis rubris; anticæ maculis nigris; fœminæ sacco producto albo.

Un peu plus grand que notre *Phœbus*. Ailes supérieures blanches, avec deux traits noirs dans la cellule discoïdale; l'extrémité d'un gris demi-transparent, divisée par une rangée de taches blanches; angle interne tantôt sans taches, et tantôt marqué d'une petite tache noirâtre. Ailes inférieures blanches, avec deux petits yeux rouges situés comme dans les autres espèces; l'angle anal marqué d'un arc noir, souvent nul dans les mâles. Dessous des ailes inférieures, avec les deux yeux, comme en dessus; la base offrant le plus ordinairement l'empreinte de taches rouges, obsolètes; l'arc de l'angle anal noir ou rouge. Corps comme dans les espèces ordinaires, avec les palpes hérissés de poils jaunes, comme dans *Mnemosyne*. Femelle avec l'arc anal bien marqué, rouge en dessous; ses ailes divisées en dessus par une ligne marginale noirâtre, en feston; la poche cornée du dessous de l'abdomen, grande, entièrement blanche, et bordée de poils jaunes, comme dans *Mnemosyne*; les taches rouges de la base assez marquées en dessous. Il diffère des individus de l'Altaï, décrits par M. Eversmann, par l'arc anal, qui est rouge en dessous dans certains individus, et par la base des ailes inférieures, qui offre ordinairement l'empreinte de taches rouges. Ces différences sont trop légères pour constituer une espèce.

Montagnes du nord de la Californie, en juillet.

PIÉRIDES.

8. Pieris Sisymbrii.

Subaffinis napi : alæ anticæ supra albæ, macula media, striga interrupta strigisque apicalibus nigro-fuscis; posticæ albæ immaculatæ; his subtus late fusco-venosis.

Cette Piéride a quelques rapports avec notre *Napi*. Dessus des quatre ailes blanc; celui des supérieures avec une tache sous-costale, une raie transversale interrompue et des traits longitudinaux au bout des nervures, d'un brun-noirâtre; celui des inférieures, sans taches. Dessous des supérieures à peu près comme le dessus, sauf les traits de l'extrémité des nervures, qui sont saupoudrés de brun-verdâtre. Dessous des inférieures blanc, avec les nervures très largement d'un brun-verdâtre, dilatées vers le bord marginal, et presque réunies entre ce bord et la cellule par une raie transversale, obsolète, de leur couleur, plus ou moins interrompue. Nous ne connaissons pas la femelle. Cette espèce fait le passage aux Piérides de la division de *Daplidice*. Elle est rare.

9. Pieris leucodice, Eversm. Bull. Mosc. xvj.

Elle se trouve dans les montagnes, où elle est fort rare. Elle ne diffère pas des individus de l'Altaï.

9 bis. Pieris protodice, Boisd. Spec. i. p. 543. N° 152.

Elle se trouve au Sacramento.

10. Anthocharis lanceolata.

Alæ albæ; anticæ apice falcatæ, macula subcostali extimoque fuscis; anticæ subtus albæ macula fusca apice viridi-cinereo ; posticæ subtus viridi-fusco reticulato-marmoratæ , striga costali distincta alba.

Un peu plus grande que la *Genutia*, dont elle a un peu le port, mais dépourvue de tache aurore, dans le mâle comme dans la femelle. Dessus des ailes blanc; les supérieures marquées au bout de la cellule discoïdale d'une tache noire, et à l'extrémité de traits d'un brun-noirâtre, interrompus. Dessous des supérieures, avec la tache costale, comme en dessus, et le sommet réticulé de gris-verdâtre. Dessous des inférieures entièrement marbré et finement réticulé de gris-verdâtre, avec la côte marquée de quelques petites taches blanches, dont une plus grosse.

Elle habite les montagnes de la Juba, où elle est rare.

11. Anthocharis sara.

Alæ albæ ; anticæ apice nigræ macula magna triangulata rubro-crocea ; posticæ strigis obsoletis apicalibus fuscis ; his subtus fusco-viridi adspersis.

Cette charmante espèce a le port de notre *Cardamines*, et surtout de la *Thlaspidis*, découverte aux environs d'Amasia par M. Kindermann. Dessus des quatre ailes blanc, ou d'un blanc légèrement teinté de jaune; celui des supérieures marqué au sommet d'une grande tache triangulaire d'un rouge-orangé, bordée de noir en dehors et en dedans; la tache noire de la cellule discoïdale liée à la bordure noire. Dessus des inférieures, avec la transparence du dessin de la face opposée, et quelques taches marginales, noirâtres, plus ou moins marquées. Dessous des supérieures un peu plus pâle qu'en dessus. Dessous des inférieures finement pointillé, et marbré de blanc et de verdâtre, à peu près comme dans *Genutia* des Etats-Unis. Femelle avec la tache plus pâle non liserée de noir en dedans, et divisée à l'extrémité par une série de points marginaux d'un blanc-soufré.

Beaucoup plus commune que la précédente; se trouve depuis février jusqu'en mai, dans une grande partie de la Californie, avec l'*Ausonides*, qui est à peine distincte de notre *Ausonia*.

12. Rhodocera Rhamni, Linné.

Du nord de la Californie.

13. Colias eurytheme.

Elle est très voisine de la *Chrysotheme* de Russie, dont elle n'est peut-être qu'une variété.

Elle est ordinairement beaucoup plus grande, d'un fauve-orangé plus vif, avec les nervures jaunes moins nombreuses. Les taches qui divisent la bordure des ailes inférieures dans les femelles sont moins nettes, et moins marquées que dans la *Chrysotheme*.

Commune dans toute la Californie. Elle habite aussi le Mexique et quelques parties des Etats-Unis.

14. Colias amphidusa.

Cette espèce a tout à fait le port et l'aspect de notre *Edusa*, mais elle n'appartient pas à la même division, puisque le mâle est dépourvu d'espace glanduleux. Ses ailes ont la bordure de la même forme et de la même largeur que chez *Edusa*, légèrement saupoudrée d'atomes jaunâtres, et divisée au sommet des supérieures par trois ou quatre fines nervures jaunes; la côte de ces mêmes ailes est d'un jaune citron fondu avec sa teinte générale. Les femelles que nous avons vues sont d'un blanc-soufré, et ressemblent presque complètement à notre variété *Helice.*

Du nord de la Californie. Cette espèce n'est peut-être qu'une variété de la précédente. M. Lorquin seul pourra, s'il continue ses observations, et surtout ses investigations dans les montagnes du nord, dissiper les doutes qui peuvent rester sur la validité de cette *Colias.*

LYCÉNIDES.

15. Thecla melinus, Hub. Züt. 121. 122. — *Favonius.* Boisd. Icon. de l'Am. sept. pl. 30. f. 1. 2.

Cette espèce, qui vit sur les arbres du genre *Quercus,* est assez abondante en Californie. Les individus de ce dernier pays diffèrent un peu de ceux que nous avons décrits dans notre Iconographie des Papillons et des chenilles de l'Amérique septentrionale, sous le nom de *Favonius,* en ce que la bande du dessous des ailes inférieures est un peu plus crénelée et un peu plus sinueuse.

16. Thecla Sylvinus.

Alæ supra fuscæ; subtus cinereæ, puncto medio strigisque duabus punctorum nigris; posticæ lunula rufa signatæ, angulo ani cinereo-cœrulescenti.

Dessus des ailes d'un brun-noirâtre dans les deux sexes, comme dans nos espèces européennes, avec un stygmate sur les supérieures du mâle, et une ou deux taches fauves près de l'angle anal des ailes inférieures chez la femelle. Dessous d'un cendré pâle, avec une petite tache discoïdale sur chaque aile, et deux stries sinueuses de points de la même couleur vers l'extrémité ; angle anal des inférieures marqué d'un espace d'un cendré-bleuâtre, précédé, en dehors de la queue, d'une lunule fauve appuyée sur un point noir.

Cette espèce, qui ne paraît pas être très rare en Californie, a tout à fait le port et les mœurs de notre *Pruni*.

17. THECLA AURETORUM.

Alæ supra fuscæ ; posticæ angulo ani obsolete fulvo-lunulato ; omnes subtus fuscæ ; posticæ striga undulata obscuriori, angulo ani nigro lunulisque duabus fulvis.

Il a le port de notre *Acaciæ*. Dessus des quatre ailes d'un brun-noirâtre, avec un stygmate sur les ailes supérieures, et deux taches fauves obsolètes vers la région anale des inférieures. Dessous brun, marqué sur les inférieures de deux raies ondulées, noirâtres, peu indiquées, dont la postérieure presque marginale et appuyée en dehors de la queue sur deux petites lunules fauves, bord de l'angle anal noir.

Décrit sur un seul individu.

18. THECLA SÆPIUM.

Alæ supra brunneo-rufæ ; subtus fuscæ striga tenui undulato-crenulata alba ; posticarum angulo ani cinereo-cærulescenti lunulaque nigra.

Il a le port et la taille de notre *Acaciæ*. Dessus des ailes d'un brun-roux, sans taches, dans les deux sexes ; celui du mâle offrant sur les ailes supérieures un stygmate, comme dans nos espèces européennes. Dessous

brun, un peu plus pâle vers l'extrémité, traversé un peu
au-delà du milieu par une petite ligne blanche, ondulée,
et près de l'extrémité par une ligne plus obscure, obsolète, également sinuée, se perdant vers l'angle anal des
inférieures dans un espace d'un gris-bleuâtre, précédé en
dehors d'une petite lunule noire.

Vole en juin, dans les broussailles.

19. THECLA GRUNUS.

*Alæ supra fuscæ, fœminæ disco fulvescenti; subtus
albido-lutescentes striga media obsoleta, undulata obscuriori; posticæ lunulis duabus obsoletis luteis.*

Cette espèce, dont nous ne connaissons que des femelles en assez mauvais état, s'éloigne par le *facies* de nos
espèces européennes. Taille de *Quercus*. Dessus des ailes
brun, avec le disque d'un fauve obscur, surtout sur les
inférieures. Dessous d'un jaunâtre pâle, traversé un peu
au-delà du milieu par une ligne sinuée, peu marquée,
d'un rouge-ferrugineux. Région anale des inférieures
marquée, à droite et à gauche de la queue, d'une petite
lunule d'un fauve-jaune, obsolète, surmontée d'un croissant noirâtre.

M. Lorquin n'en a trouvé que trois individus femelles,
ce qui semble annoncer que cette espèce était passée lors-
qu'il a parcouru la localité.

20. THECLA IROIDES.

*Alæ supra fuscæ immaculatæ, fœminæ disco subferru-
gineo, anticæ subtus fuscæ; posticæ ferrugineæ basi late
obscuriori strigaque punctorum fuscorum.*

Cette espèce a tout à fait le port d'*Irus* de l'Amérique septentrionale, mais, outre sa taille moitié plus petite, elle en diffère au premier coup d'œil par sa frange non entrecoupée. Dessus des ailes brun, sans taches dans le mâle, avec le disque un peu ferrugineux dans la femelle; angle anal des inférieures échancré en dedans à l'extrémité de la gouttière abdominale. Dessus des ailes supérieures brun. Dessous des inférieures d'un roux-ferrugineux, quelquefois un peu vineux, avec la base largement plus obscure, et l'extrémité marquée d'une rangée de points noirâtres, plus ou moins indiqués.

Habite les buissons de *Smilax* d'une grande partie de la Californie. Il se place entre *Irus* et *Richardsonii* du Canada.

21. THECLA ERYPHON.

Alæ supra fuscæ, disco ferrruginco; subtus castaneæ; posticæ fusco-vinosæ strigis valde sinuatis nigris albido marginatis.

Cette espèce est encore une création propre à l'Amérique du nord, elle ressemble en petit au *Niphon* de Géorgie, figuré par Hubner dans son *Zutraege*. Dessus des ailes brun, avec le disque plus ou moins lavé de ferrugineux. Dessous des ailes d'un brun plus pâle; celui des supérieures marqué d'un petit point central, d'une raie ondulée, liserée de blanc, et de taches marginales sagittées, noirâtres; celui des inférieures lavé de roux-vineux, et traversé par trois raies profondément sinuées, noires, liserées de blanc, dont la postérieure dentée en scie et formant des taches sagittées.

Rare.

22. Thecla dumetorum.

Ce *Thecla* ressemble tout à fait à notre *Rubi*, et pourrait bien être une simple variété locale de cette espèce. Il lui ressemble en dessus, sauf que les ailes inférieures sont moins denticulées, et que la palette anale est à peu près nulle; en dessous, la ligne de points blancs est plus marquée, et le disque des ailes supérieures est beaucoup plus largement roussâtre, ce qui fait que le vert domine moins.

23. Polyommatus hypophlæas.

Très voisin de notre *Phlæas*; mais plus petit, avec les points plus marqués, les ailes plus arrondies; le dessous des ailes inférieures d'un cendré-blanchâtre, avec la bande fauve marginale bien marquée.

Nord de la Californie. Il se retrouve dans tout le nord des États-Unis.

24. Polyommatus helloides.

Alæ supra obscure fulvæ nigro maculatæ, maris violaceo micantes; subtus, anticæ fulvæ nigro punctatæ, posticæ pallide cinereo-fuscæ lunulis ferrugineis.

Il a le port de notre *Phlæas*, mais il est un peu plus grand. Dessus des ailes d'un fauve enfumé, avec un beau reflet violet dans le mâle, et le dessin à peu près comme dans *Phlæas*, sauf que ce dernier n'a qu'un point noir vers la base des supérieures, tandis que notre *Helloides* en a deux. Dessous des supérieures à peu près comme dans *Phlæas*; celui des inférieures d'un gris-roux, avec une rangée de lunules marginales d'un ferrugineux vif.

Assez rare aux environs de San-Francisco.

25. Polyommatus gorgon.

*Alæ supra maris violaceo-nitidæ, micantes, margine
tenui nigro, fimbria albo intersecta; anticæ puncto subcostali nigro, posticæ litura anali fulva; alæ feminæ fuscæ
fulvo-pallido maculatæ; omnes subtus in utroque sexu,
cinereæ nigro-ocellatæ fascia marginali fulva.*

Port et taille de notre *Hiere*. Dessus du mâle à reflet
d'un violet vif, avec une petite bordure noire et la frange
entrecoupée de blanc; les ailes supérieures avec une petite
tache sous-costale noire; les inférieures avec une liture
anale fauve. Dessus de la femelle d'un brun terne, tacheté
de fauve, comme dans les espèces voisines, mais d'une
teinte beaucoup plus pâle. Dessous des ailes dans les
deux sexes roussâtre aux premières, d'un grisâtre pâle
aux secondes, avec une infinité de points noirs ocellés
sur chaque aile, et un cordon de taches marginales
fauves aux inférieures.

Des montagnes de la Californie. Il se place à côté de
notre *Hiere* et d'*Amicetus* de Terre-Neuve.

26. Polyommatus xanthoides.

*Alæ supra fusco-cinereæ, pallidæ, nitidæ, margine te-
nuissimo nigro, fimbria alba nigro secta; anticæ puncto
uno alterove nigris; posticæ litura anali, fulva, obsoleta,
nigro punctata. Omnes subtus cinereo-rufescentes nigro-
ocellatæ litura anali fulva.*

Taille et port du précédent. Dessus des quatre ailes du
mâle d'un brun-cendré pâle et assez brillant, avec un
liseré noir et la frange blanche, légèrement entrecoupée
de noir par les nervures. Celui des supérieures offrant

un petit trait sous-costal noir, précédé intérieurement
d'un petit point de la même couleur; celui des inférieures
avec une liture marginale, fauve, peu prononcée, située
vers l'angle anal, et marquée de deux ou trois points
noirs alignés, tout à fait marginaux et liés à la bordure.
Dessous d'un gris roussâtre, avec une infinité de points
noirs ; celui des inférieures offrant en outre, vers l'angle
anal, deux ou trois lunules fauves, précédées d'une raie
plus pâle que la teinte générale. Nous ne connaissons que
le mâle.

Montagnes de la Californie. Rare.

27. Polyommatus arota.

*Alæ supra maris, fusco-rufescentes, nitidæ, margine
tenui fusco, obsoletissimè nigro-virgulatæ ; alæ supra
feminæ fuscæ, disco fulvo nigro punctato; posticæ in utroque sexu breviter caudatæ, punctis duobus analibus nigris.
Antice subtus cinero-fulvæ nigro punctatæ, posticæ cinereæ, obsoletius punctatæ fascia ante-marginali albida.*

Il a le port et la taille de l'*Aphnæus Vulcanus*, et il
s'éloigne un peu, par la petite queue dont les ailes inférieures sont pourvues, des autres espèces du même genre.
Dessus des ailes du mâle d'un brun à reflet roux très brill-
lant, un peu chatoyant, avec quelques petits points qui
ne sont que la transparence du dessin de la face opposée;
l'angle anal des inférieures marqué de deux petits points
marginaux noirs, un de chaque côté de la queue. Dessus
des ailes de la femelle brun, avec le disque des supérieures et la plus grande partie des inférieures, fauve
tacheté de noir. Dessous des supérieures fauve, avec l'extrémité cendrée, marqué d'une infinité de points noirs

ocellés. Dessous des inférieures cendré, avec les points plus petits et moins marqués, et une bande blanchâtre, terminale, sinuée intérieurement, plus foncée vers la frange, et marquée de chaque côté de la queue d'un point noir.

Montagnes de la Juba, en mai et juin.

28. Lycæna amyntula.

Un peu plus grand que notre *Amyntas*, et très voisin du *Comyntas* des Etats-Unis, dont il n'est peut-être qu'une variété. Il en diffère en ce que le mâle n'a pas de lunules fauves en dessus, en ce que le dessous des deux sexes est plus blanc, avec les points plus petits, et enfin, en ce qu'il n'y a que la lunule anale qui soit saupoudrée d'atomes dorés.

29. Lycæna exilis.

Alæ feminæ supra fuscæ; anticæ subtus dilute fuscæ albido strigulatæ; posticæ subtus albidæ fusco strigulatæ ocellis septem nigris, nitidis, auro pulverulentis.

Cette jolie *Lycæna*, dont je n'ai vu que la femelle, est une des plus petites que nous connaissions, elle a le port et la taille de la *Pusilla* de Venezuela, c'est-à-dire qu'elle est moitié plus petite que notre *Alsus*. Dessus des ailes d'un brun clair, plus pâle sur les inférieures, avec une bordure noirâtre. Dessous des supérieures d'un brun très clair, avec des stries transversales interrompues, blanches, plus ou moins marquées. Dessous des inférieures blanc, avec des stries brunes et une rangée marginale de sept yeux noirs saupoudrés d'atomes dorés.

Je n'ai vu qu'un individu.

30. Lycæna antægon. *An Acmon ?* Westw. et Hewits.
Gen. Diurn. Lep. pl. 76. fig. 1.

Alæ supra maris violaceo-cæruleæ, nitidæ, margine tenui nigro, fimbria alba; posticæ fascia fulva nigro punctata, subtus cinereæ nigro ocellatæ; posticæ fascia fulva, lunulata ocellisque nigris auro pulverulentis.

Cette *Lycæna* pourrait bien être l'*Acmon* figurée par MM. Westwood et Hewitson, mais ces deux entomologistes ayant négligé, à tort, dans leur splendide ouvrage, de représenter le dessous des Lycénides, il nous est à peu près impossible de pouvoir rien affirmer à cet égard. Si le texte qui donnera l'habitat de l'espèce en question avait paru, nous saurions positivement à quoi nous en tenir. Dans tous les cas, le nom d'*Acmon* ne peut rester, attendu qu'il existe déjà une Lycénide de ce nom.

L'*Antægon* est un peu plus grand que notre *Ægon*. Le dessus est d'un beau bleu-violet, avec une petite bordure noirâtre et la frange blanche ; les ailes inférieures offrent une bordure antémarginale d'un fauve-rouge, appuyée sur une série de points noirs. Le dessous est d'un gris-cendré, avec une infinité de points noirs bien nets et bien marqués. Celui des ailes inférieures présente avant la bordure une bande fauve interrompue, appuyée sur une rangée d'yeux noirs, saupoudrés d'atomes dorés très brillants. Cette espèce est bien distincte de notre *Argus* et de notre *Ægon*. Elle a aussi, comme *Alexis*, un point noir entre la base et la tache discoïdale des premières ailes. La femelle est tantôt toute bleue, tantôt bleue à la base seulement, et quelquefois presque noire; dans tous les cas, la bande du dessus des ailes inférieures est toujours plus marquée que dans le mâle.

31. Lycæna xerces.

Alæ supra maris violaceo-cœruleæ, fœminæ fuscæ, margine tenui nigro , fimbria alba ; subtus omnes cinereæ punctis omnibus albis, nigro haud fœtis.

Dessus des ailes du mâle du même bleu que chez notre *Alexis*, dont il a la taille et le port. Dessus de la femelle brun, avec quelques atomes bleus à la base, sans aucune autre tache. Dessous des deux sexes d'un gris obscur, avec une tache centrale et une bande sinueuse interrompue, formée de gros points blancs; point de lunules marginales.

Cette espèce, dont le dessous est si remarquable , est beaucoup plus rare que la précédente.

32. Lycæna sæpiolus.

Alæ supra argenteo-cœruleæ, margine latiori nigro fimbria alba ; anticæ puncto subcostali nigro . Femina supra fusca, basi cœrulescenti; omnes subtus cinereæ punctis minoribus nigris; posticæ lunulis obsoletissimis marginalibus ad angulum ani fulvis.

Cette jolie espèce a le port de notre *Donzelii*, mais elle est un peu plus grande. Dessus des ailes du même bleu que chez notre *Damon* , avec une bordure noire, large aux supérieures, et plus étroite aux inférieures; les premières ayant en outre un point costal noir, comme *Donzelii*. Femelle entièrement noire, ou saupoudrée de bleu à la base. Dessous des ailes d'un gris-cendré dans le mâle, d'un gris obscur dans la femelle, avec une infinité de points noirs, comme dans les espèces analogues ; celui des inférieures offrant vers l'angle anal trois ou quatre lunules fauves marginales plus distinctes dans la femelle.

Se trouve en juin dans les montagnes.

33. Lycæna icarioides.

Alæ maris supra subviolaceo-cæruleæ, feminæ fuscæ, margine tenui nigro fimbria albida; subtus albido-cinerascentes; anticæ punctis nigris ocellatis; posticæ punctis albis vix nigro pupillatis.

Taille d'*Escheri*, avec les ailes supérieures plus arrondies au sommet. Dessus d'un bleu moins violet que dans *Alexis*, avec une petite bordure noire et la frange blanche. Celui des inférieures ayant la bordure interrompue, formant une série de points noirs marginaux, comme dans notre *Everos*. Dessous des ailes d'un blanc-cendré clair; celui des supérieures avec une lunule discoïdale et une ligne transverse, sinuée, formée de taches noires ocellées; celui des inférieures avec une lunule centrale et deux rangées sinueuses de points blancs à peine pupillés de noir. Femelle brune, avec le dessous d'un gris-brun assez obscur, marquée d'une lunule centrale et de deux rangées de points noirs ocellés bien marqués.

Vole en juin dans les montagnes.

34. Lycæna phères.

Alæ supra maris cæruleo-violaceæ fimbria alba, feminæ fuscæ basi violaceo; subtus cinereo-albidæ, anticæ punctis ocellatis nigris, posticis punctis albis cœcis.

Port et taille de notre *Dorilas*, avec le bleu du dessus un peu violet, mais d'un ton moins vif que chez *Alexis*. Dessous d'un blanc-cendré, celui des supérieures avec une petite lunule discoïdale et une ligne sinueuse de points noirs ocellés, celui des inférieures avec des taches blanches non ocellées, comme dans notre *Pheretes*. Femelle brune, avec la base plus ou moins bleuâtre.

Environs de San-Francisco.

35. Lycæna heteronea.

Alæ supra maris cærulco-violaceæ, margine tenui nigro fimbria albida, nervis crassioribus; subtus albido-cinereæ; anticæ lunula media punctisque biseriatis nigris, posticæ maculis cinereo-albicantibus, biseriatis, obsoletis haud pupillatis; alæ feminæ supra fuscæ fulvo plagiatæ nigro punctatæ.

Taille d'*Alexis*, avec les ailes plus aiguës au sommet. Dessus d'un bleu-violet, à peu près comme dans *Alexis*, avec un petit liseré noirâtre, la frange blanche, et les nervures très accusées. Dessous des ailes d'un blanc-cendré; celui des supérieures marqué d'un point et d'une lunule centrale noirs, et ensuite de deux lignes parallèles, sinuées, de points pareillement noirs. Dessous des inférieures offrant aussi deux rangées parallèles de petites taches obsolètes, d'un gris-blanchâtre, peu distinctes de la couleur du fond. La femelle est très différente du mâle par le dessus des ailes qui est brun, avec le disque plus ou moins fauve, ponctué de noir et traversé par une ligne sinueuse de gros points également noirs. Le dessous est comme celui du mâle. Cette remarquable espèce fait le passage des *Lycæna* aux *Polyommatus*, car la femelle a, par le dessus, une grande analogie avec les femelles de *Hiere*, *Chryseis*, etc.

Vole en juin dans les montagnes du nord.

36. Lycæna enoptes.

Alæ supra violaceo-cæruleæ nitidæ, margine latiore nigro, fimbria albo intersecta; subtus albido-cinereæ punctis ocellaribus numerosis nigris, posticæ fascia et maculis quinque fulvis.

Port et taille de notre *Hylas*. Dessus des ailes d'un bleu-violet, avec une bordure noire assez large et la frange entrecoupée de blanc et de noir aux premières ailes seulement, entièrement blanchâtre aux secondes. Dessous d'un cendré-blanchâtre, avec une infinité de points noirs oculaires; les deux séries de points postérieurs séparées aux ailes inférieures par une série de cinq lunules fauves. Nous n'avons pas vu de femelles. Cette espèce est bien distincte d'*Hylas* et des espèces ou variétés voisines, par sa large bordure, par ses ailes supérieures dépourvues en dessus de point central, et dont la frange est seulement entrecoupée en dessus, etc.

Se trouve en mai dans les lieux arides.

37. Lycæna piasus.

Alæ supra cæruleo-violaceæ, fimbria alba feminæ nigro-marginatæ ; subtus albido-cinereæ punctis numerosis nigris ocellatis, fascia albida separatis.

Port de notre *Argiolus*, mais un peu plus grand. Dessus du mâle à peu près du même bleu, avec la frange blanchâtre ; dessus de la femelle avec une bordure noirâtre assez large aux quatre ailes, mais moins large aux supérieures que dans notre femelle d'*Argiolus*. Dessous des deux sexes d'un cendré-blanchâtre, avec une multitude de points noirs oculaires disposés comme dans les espèces analogues. Ceux de la rangée postérieure suivie d'une éclaircie blanche qui forme une bande transversale assez large, et occupant tout l'espace entre celle-ci et les lunules ou croissants de l'extrémité, qui sont presque effacés et appuyés en arrière sur une bande marginale grisâtre, crénelée, plus obscure que le fond.

Voltige dans les buissons au printemps.

38. Lycæna pseudargiolus. Boisd. et Leconte. Icon. des
Lep. de l'Am. sept. pl. 36.

Ne diffère pas beaucoup des individus de l'Amérique
septentrionale. Les points du dessous sont un peu plus
gros et plus marqués. Pour le reste, je n'y trouve aucune
différence.

Voltige en avril dans les buissons, comme notre *Ar·
giolus*.

39. Lycæna antiacis.

*Alæ supra violaceo-cæruleæ, margine nigro tenui, fim-
bria albida, subtus cinereæ punctis numerosis valde ocellatis.*

Port et taille d'*Alcon*. Dessus des ailes presque semblable. Dessous d'un gris-cendré, avec la base d'un bleu-
verdâtre ; une ligne transversale sinueuse de points noirs
fortement ocellés de blanc, située près de l'extrémité,
précédée sur les ailes de devant d'une lunule centrale,
sur les ailes de derrière d'une lunule centrale et de deux
points, pareillement ocellés. Femelle noirâtre en dessus,
avec la base plus ou moins bleuâtre. Il varie pour la
taille.

Environs de San Francisco.

DANAIDES.

40. Danais archippus, Fab.

Très commune sur les *Asclepias*, au Sacramento, et en
général dans toutes les parties chaudes de la Californie.

NYMPHALIDES.

41. Limenitis Eulalia, Doubled. et Hewits. Gen. Diurn. Lep. pl. 36. fig. 1.

Cette magnifique *Limenitis,* dont le British Museum avait déjà reçu un individu qui a servi pour la figure qu'en a publiée M. Doubleday, se trouve dans les bois montueux en juin. Par sa couleur, elle fait le passage aux *Heterochroa.*

42. Limenitis Lorquini.

Alæ fuscæ subdentatæ fascia communi, maculari alba; anticæ apice ferrugineo; posticæ punctis duobus analibus fulvis; subtus fusco-ferrugineæ, maculis fasciaque maculari albis.

Cette belle espèce, que nous avons dédiée à M. Lorquin, comme une faible récompense de son zèle pour l'entomologie, varie un peu pour la taille, qui cependant est toujours supérieure à celle de notre *Camilla.* Dessus des ailes d'un noir-brun, traversé vers le milieu par une bande maculaire, précédée sur les supérieures, dans la cellule discoïdale, d'une tache de la même couleur; ces dernières ayant en outre le sommet très largement d'un roux-ferrugineux, séparé de la partie brune par trois ou quatre tache blanches. Ailes inférieures marquées vers la région anale de deux gros points fauves. Dessous des quatre ailes brun, avec la même bande et les mêmes taches blanches qu'en dessus; la bande commune suivie d'un espace ferrugineux, divisé par une série de lunules blanchâtres sagittées, bordées de noir au sommet; celui des supérieures avec deux traits ferrugineux dans la cellule ; celui des inférieures avec la côte blanchâtre , et la base entrecoupée de taches d'un gris-blanchâtre.

Elle se trouve en mai et juin. Elle a les mœurs de notre *Camilla*.

43. ARGYNNIS CALLIPPE.

Alæ denticulatæ, supra fulvæ, nigro maculatæ; posticæ subtus cinereo-fuscæ, feminæ flavidæ, maculis circiter 22, costa margineque abdominali argenteis; anticæ subtus rubro-fulvæ lunulis marginalibus maculisque binis apicalibus argenteis.

Cette belle espèce, plus grande qu'aucune de nos espèces européennes, a le port de la *Chloridippe* d'Espagne. Dessus des ailes fauve, traversé comme dans les espèces voisines par une raie noire en zigzag, précédée du côté de la base de traits sinueux de la même couleur, et suivie d'une rangée de points également noirs ; tout le contour extérieur noirâtre, divisé par un cordon de lunules plus pâles que le fond. Dessous des ailes supérieures d'un fauve-rouge, plus pâle à l'extrémité, avec le même dessin qu'en dessus, et une série de lunules marginales argentées, précédée de deux ou trois taches apicales de la même couleur. Dessous des ailes inférieures d'un brun-feuille-morte, avec environ vingt-deux taches d'argent, placées comme dans les espèces analogues, la côte et le bord de la gouttière abdominale argentés. Dans la femelle, le fond est plus pâle, avec le dessin plus noir et plus fortement accusé ; en dessous , la teinte générale est plus pâle et presque jaunâtre.

Vole en juin au bord des forêts. Rare.

44. Argynnis Zerene.

*Alæ denticulatæ supra vivide fulvæ, nigro maculatæ;
posticæ subtus dilutæ ferrugineæ passim obscuriores maculis
flavidis minime argenteis.*

Port et taille de notre *Adippe*. Dessus des ailes d'un
fauve vif, comme dans *Cybele*, avec des dessins noirs,
comme dans les espèces du même groupe. Dessous des
ailes supérieures fauve , avec le dessin du dessus; le
sommet marqué de taches d'un blanc-jaunâtre, et le bord
divisé par des petites lunules de la même couleur; dessous
des inférieures d'un gris-canelle-ferrugineux, avec des
taches d'un blanc-jaunâtre, disposées comme dans les
espèces voisines, mais nullement argentées; les taches du
milieu et les lunules marginales environnées et surmontées de ferrugineux plus obscur que la teinte générale. Femelle un peu plus grande que le mâle, avec le
dessous d'un gris-ferrugineux plus pâle, et quelquefois
les lunules marginales un peu argentées.

Cette jolie espèce, au moins aussi intéressante que la
précédente, se trouve en juin au bord des bois, dans les
montagnes peu élevées.

45. Argynnis Astarte, Doubleday et Hewitson. Gen. Diurn. Lep. pl. 23 fig. 5.

Nord de la Californie, dans les montagnes rocheuses.

46. Melitæa Chalcedon, Doubled. et Hewits. Gen. Diurn. Lep. pl. 23. fig. 1.

Cette belle espèce est très commune en Californie. J'en
possédais depuis longtemps deux individus femelles, qui

me provenaient de la collection Hauville, du Hâvre.
J'avais cru à tort qu'ils avaient été envoyés de Saint-
Domingue, et c'est d'après un de ces individus que j'a-
vais donné au British Museum, que feu mon savant ami,
Ed. Doubleday, lui a assigné Haïti pour patrie.

47. Melitæa Editha.

*Alæ supra fusco-nigræ, fulvo flavidoque fasciatim
maculatis; posticæ subtus fulvæ fasciis tribus flavidis,
anteriore irregulari interrupta; fascia fulva penultima
flavido pupillata.*

Il serait possible que cette Mélitée fût la même que
celle que MM. Doubleday et Hewitson ont représentée
sur la planche 23 de leur bel ouvrage, sous le nom d'*A-
nicia*, et comme habitant les montagnes rocheuses de
l'Amérique du nord : malheureusement ces Messieurs
n'ont point figuré le dessous, qui, pour beaucoup d'espèces, est le plus important à connaître. D'un autre côté,
le dessus des ailes inférieures de leur *Anicia* offre une
série marginale de trois bandes fauves, tandis que dans
notre espèce, la rangée intermédiaire est d'un jaune pâle.
Ce n'est donc qu'en comparant l'individu typique qui a
servi pour l'ouvrage de M. Doubleday qu'on pourra juger
cette question.

Cette jolie Mélitée est voisine de l'*Iduna*, de l'*Ichnæa*,
et en général de toutes les espèces appartenant au groupe
d'*Artemis*. Dessus des ailes d'un brun-noirâtre, avec la
frange blanchâtre, des taches d'un fauve vif et des taches
jaunes disposées par bandes transverses; les quatre bandes
des ailes inférieures alternativement jaunes et fauves, interrompues ; l'avant-dernière jaune, et celle qui la précède
fauve, à taches un peu pupillées de jaune ; la côte des ailes

supérieures rouge, comme dans *Chalcedon*. Dessous des
ailes fauve, avec des bandes d'un jaune d'ocre, plus ou
moins liserées de brun ; celui des inférieures ayant chaque
tache de l'antépénultième bande pupillée de jaune d'ocre.
Femelle à peu près semblable au mâle, les ailes supérieures seulement un peu plus arrondies au sommet.

Vole en juin dans les montagnes.

48. Melitæa palla.

*Alæ supra nigro fulvoque variæ; subtus fulvæ; posticæ
maculis basalibus faciisque duabus flavidis.*

Port et taille d'*Athalia*, mais d'un fauve plus vif en
dessus. Dessous des ailes supérieures fauve, avec une
bande terminale d'un jaune d'ocre. Dessous des inférieurs fauve, avec deux bandes d'un jaune d'ocre, liserées
de brun, et quelques taches basilaires de la même couleur formant une bande irrégulière ; la bande postérieure
presque terminale, formée de lunules plus ou moins
grandes : celle qui la précède coupée longitudinalement
par deux lignes noirâtres irrégulières. La femelle est très
différente du mâle, les taches du dessus de ses ailes sont
ordinairement d'un jaune d'ocre pâle, sauf les petites
lunules marginales et l'antépénultième bande des secondes ailes qui sont restées fauves. En dessous, les
bandes d'un jaune d'ocre envahissent presque toute la
surface, et la couleur fauve est réduite, sur les inférieures,
à des lunules marginales, à une rangée de cinq à six
gros points et à quelques taches basilaires.

Dans une grande partie de la Californie.

49. Melitæa pulchella.

Pap. Tharos. Drury. Ins. I. pl. 21. f. 5. 6.

Elle se trouve dans une grande partie de la Californie.
Il ne faut pas confondre cette espèce avec la *Tharos* de
Cramer, qui habite également les Etats-Unis. Il est bon
de noter aussi que la *Morpheus* de Cramer, figurée pl. 101,
est tout à fait identique avec celle qu'il avait figurée pré-
cédemment sous le nom de *Tharos*.

50. Vanessa progne, Cr. pl. 5. E. F.

Les individus de Californie sont rares. Ils ne diffèrent
pas de ceux de l'Amérique du nord.

51. Vanessa Californica.

*Alæ supra fulvæ limbo nigro absque lunulis cœruleis;
anticæ maculis tribus disci nigris.*

Un peu plus petite que la *Xanthomelas*; dessus des
ailes à peu près de la même teinte; les supérieures ayant
sur la côte trois bandes noires, comme dans les espèces
voisines, et seulement trois gros points sur le disque; une
liture blanche anté-apicale, comme chez *Xanthomelas*. Le
limbe des quatre ailes noirâtre, comme dans nos espèces
européennes, mais entièrement dépourvu de lunules
bleues. Dessous plus pâle que dans *Polychloros* et *Xanthomelas*, avec la bande transverse très anguleuse.

Cette belle et intéressante Vanesse se trouve en juin
et juillet. M. Lorquin n'en a pris qu'un petit nombre
d'individus.

52. Vanessa antiopa, Linné.

Commune au bord des bois et des rivières en juillet.
Elle habite aussi l'Amérique septentrionale et le Mexique.

53. Vanessa Atalanta, Linné.

Se trouve à l'automne, dans les lieux où croissent les
Orties. Rare.

54. Vanessa cardui, Linné.

Beaucoup moins commune qu'en Europe.

55. Vanessa huntera, Fab.

Plus commune que *Cardui*.

56. Vanessa Carye, Hubn. Ex. Saml.

Cette espèce est propre à toute la côte occidentale de
l'Amérique. Elle se trouve depuis le Chili jusqu'en Californie, sans la moindre modification.

57. Vanessa coenia, Hubn. Ex. Saml.

Assez commune en Californie. Elle habite aussi la
Géorgie et la Floride.

SATYRIDES.

58. Satyrus Ariane.

*Alæ nigro fuscæ ; anticæ utrinque oculis duobus atris,
pupilla alba iride fulvo ; posticæ subtus strigis duabus undulatis obscuris, ocellis sex plus minusve obsoletis.*

Port et taille de notre *Phœdra*. Dessus des ailes d'un brun-noirâtre. Celui des supéricures avec deux yeux noirs pupillés de blanc, à iris un peu plus pâle; celui des inférieures avec un œil plus petit, souvent précédé d'un autre petit œil sans prunelle. Dessous des ailes également brun, avec des hachures plus obscures, les yeux des premières ailes entourés d'un iris fauve, précédés d'une ligne transversale brune, et suivis près de la frange de trois lignes très fines, parallèles; celui des secondes ailes traversé au milieu par deux lignes brunes sinueuses, suivies d'une rangée irrégulière de six petits yeux noirs, à pupille blanche et à iris fauve, groupés trois par trois, et plus ou moins bien marqués. Femelle beaucoup plus grande que le mâle; les yeux des ailes supérieures grands, cerclés de jaune-fauve en dessus comme en dessous; les petits yeux du dessous des ailes inférieures beaucoup moins visibles que dans les mâles.

Se trouve communément dans les forêts. Ce Satyre se place entre notre *Phœdra* et l'*Alope* des Etats-Unis.

59. Satyrus Sthenele.

Alæ dentatæ fuscæ; anticæ ocellis duobus nigris pupilla alba; subtus cinereæ, ocellis anticarum iride fulva; posticæ fascia media angulata ocellisque duobus analibus.

Port et taille de nos plus petits individus de *Fauna*. Dessus des ailes brun, avec la frange d'un gris-cendré, entrecoupée de noir; celui des supérieures avec deux petits yeux noirs à prunelle blanche; celui des inférieures sans taches. Dessous des ailes d'un gris-cendré, plus foncé à la base; celui des supérieures avec les deux yeux plus grands et cerclés de jaune-fauve; celui des inférieures traversé par une large bande brune anguleuse, et marqué vers l'angle anal de deux petits yeux noirs à prunelle blanche. Femelle un peu plus grande que le mâle, ayant les yeux des ailes supérieures cerclés de fauve en dessus comme en dessous.

Beaucoup plus rare que le précédent.

60. Satyrus californius, Doubl. Westw. et Hewits. Gen. Diurn. Lep. pl. 66. fig. 2.

Il a le port et la taille de notre *Davus* d'Europe, et il lui ressemble un peu par le dessin du dessous ; il est du reste parfaitement distinct par le dessus de ses ailes, qui est tout blanc, comme dans la femelle de *phryne*.

On le trouve çà et là dans les lieux ombragés.

61. Satyrus galactinus.

Alæ utrinque albidæ, supra immaculatæ, anticæ subtùs striga ferruginea ocelloque minuto apicali; posticæ subtùs basi cinereo conspersæ striga angulata obscure ocellisque binis tribusve minutis.

Taille et port du précédent, auquel il ressemble, mais la couleur du dessus est d'un blanc un peu plus jaunâtre. Le dessus est sans aucune autre tache que la transparence du dessous. Le dessous des premières ailes offre au sommet un très petit œil noir, le plus souvent sans pupille, quelquefois nul, précédé du côté de la base d'une ligne ferrugineuse, transverse, un peu courbe; celui des inférieures a la base lavée de gris, et cette partie plus obscure est séparée de l'autre par une raie sinueuse, suivie d'un, deux, trois ou quatre petits yeux noirs non pupillés. La femelle diffère du mâle par ses yeux, au nombre de quatre ou cinq en dessous.

Habite les montagnes du nord. Paraît être rare. J'ai trouvé dans la collection de feu le général Dejean le débris d'un Satyre, noté comme venant du Kamtschatka, qui appartient à cette espèce ou à la précédente, mais il est dans un tel état, qu'il est impossible de rien affirmer de positif à cet égard.

HESPÉRIDES.

62. Eudamus bathyllus, Smith-Abb. I. pl. 22.

Les individus de Californie ont les taches blanches très peu marquées, et quelquefois presque nulles. Nous en avions d'abord fait une espèce, sous le nom de *Bathylloides*, mais on finit par trouver tous les passages avec les individus de Géorgie.

63. Thanaos Cervantes, Grasl. Ann. de la Soc. Ent.

Un peu plus grand que les individus d'Espagne.

64. Thanaos Brizo, Boisd. et Leconte. Iconog. des Pap. et des Chen. de l'Amér. sept. pl. 66.

Très voisine de la précédente.

65. Thanaos juvenalis, Fab. Ent. syst.

Un peu plus petite que les individus de Géorgie. Cette espèce se distingue facilement des précédentes par ses petites taches blanches.

66. Thanaos tristis.

Alæ nigro fuscæ; anticæ punctulo medio strigaque e punctulis sex similibus, transversis albidis; posticæ fimbria alba.

Elle a le port et la taille du *Juvenalis*. Ailes d'un brun-noir, avec la frange des inférieures blanche. Les supérieures avec quelques ondulations plus noires, comme chez les espèces congénères, offrant en outre, sur le milieu, un petit point blanchâtre, puis ensuite une ligne courbe de six petits points semblables, séparés en deux groupes, l'un de quatre, près de la côte, et l'autre de deux, au-dessous de la nervure médiane. Dessous plus pâle que le dessus. Dans cette espèce, comme dans *Juvenalis*, les petits points sont placés sur les bandelettes les plus obscures.

67. Syrichtus oilus, Linné. — *Tartarus*, Hub. Pap. 716. 717.

C'est bien cette espèce qui a été figurée par Hubner comme se trouvant en Tartarie. Elle ne diffère pas des individus de l'Amérique septentrionale. L'espèce de Surinam, figurée par Cramer, planche 334, sous le nom d'*Orcus*, en est très voisine.

68. Syrichtus ruralis.

Port, taille et presque facies de *Carthami* en dessus, sauf que les ailes sont un peu plus noires, et qu'il y a deux taches blanches entre la base et la bande transverse des premières ailes; les deux bandes de taches des secondes ailes sont aussi plus nettes et plus tranchées que chez *Carthami*. Le dessous des ailes inférieures est très différent de celui de nos espèces européennes, le brun et le blanc sont plus ou moins fondus, cependant le milieu et l'extrémité offrent une espèce de bande ou d'ombre brunâtre, et les taches effacées comprises entre ces deux espaces affectent à peu près la même disposition que dans *Oilus*.

69. Syrichtus cæspitatis.

Un peu plus grande que notre *Alveolus*, dont elle se rapproche beaucoup. Fond des ailes un peu plus noir; deux petites taches blanches, au lieu d'*une seule*, entre la base et la bande transverse des premières ailes; les ailes inférieures ayant sur le milieu une petite bande maculaire au lieu d'une seule tache, comme cela a lieu chez *Alveolus*. Dessous des secondes ailes avec la bande médiane plus étroite, plus continue, dentée en scie; point de taches blanches à la base.

Se trouve au printemps avec la précédente, voltigeant sur les plantes basses.

70. Syrichtus scriptura.

Plus petite d'un tiers que notre *Alveolus*; c'est-à-dire la plus petite des espèces connues. Les taches blanches un peu plus petites que dans notre *Alveolus*; deux petites taches blanches entre la base et la bande transverse des ailes supérieures, comme chez l'espèce précédente. Dessous des ailes inférieures blanchâtres, avec les taches blanches peu tranchées, mais distinctes.

Nous n'avons vu qu'un seul individu de cette espèce.

71. Syrichtus ericetorum.

Le mâle de cette belle espèce est très différent, au premier coup d'œil, des autres *Syrichtus*; la femelle, au
contraire, y ressemble complètement. Port et un peu le
facies d'*Arsalte* de Clerck. Dessus des ailes du mâle d'un
blanc très légèrement soufré, n'ayant d'autre dessin
qu'une ligne terminale en feston, formant comme une
rangée de petites taches sagittées, appuyées sur une ligne
noire à la racine de la frange ; tout à fait au sommet des
supérieures, les petites taches en question forment deux
ou trois rangées. Dessous des ailes blanc; celui des inférieures avec deux bandes brunâtres, l'une couvrant une
partie de la base, et l'autre à l'extrémité. Dessus de la femelle noirâtre, avec deux bandes blanches transversales,
communes ; la première au milieu, large, sinuée, irrégulière ; la seconde, beaucoup plus étroite, formée de petites
taches sagittées, excepté celle qui est sur la côte des supérieures, qui est quadrangulaire, coupée par les nervures
et rentrée en dedans. Dessous avec l'empreinte du dessin
de la face opposée.

Se trouve çà et là dans les lieux incultes. Je crois qu'elle
se trouve aussi au Mexique.

72. Hesperia comma, Linné.

Semblable en tout à nos individus européens.

73. Hesperia sylvanus, Fab. Hubn. etc.

Ne diffère pas du type européen.

74. Hesperia sylvanoides.

Taille et port de notre *Sylvanus*. Dessus du mâle à peu
près comme dans cette espèce, sauf qu'entre l'épi ou tache

noire oblique, il y a une liture noirâtre qui paraît en être
une prolongation, et qu'il n'y a pas à l'extrémité, près de
la bordure, les trois ou quatre points un peu plus pâles
que le fond; que l'on observe dans *Sylvanus*; la bordure
est aussi plus foncée. Dessus de la femelle ayant sur le
disque une tache triangulaire, noire, suivie d'une petite
tache blanche transparente; sommet marqué de trois
points jaunes. Ailes inférieures un peu sinuées, avec la
bordure assez foncée, la base assez largement noirâtre.
Dessous des ailes d'un jaune pâle, quelquefois un peu
grisâtre sur les inférieures, et non d'un jaune gai un peu
verdâtre, comme chez *Sylvanus*. Les points ou taches
pâles affectant à peu près la même disposition.

Assez commune en mai.

75. Hesperia nemorum.

Dessus du mâle comme dans *Sylvanoides*, la bordure
un peu plus large, l'épi des ailes supérieures également
un peu plus large, se prolongeant de même par une liture
jusqu'au sommet. Dessous des ailes d'un jaune un peu
plus foncé que dans *Actæon*; celui des inférieures sans
taches; celui des supérieures plus pâle au milieu, avec
l'empreinte de l'épi du dessus. Nous n'avons pas vu la
femelle.

Habite le bord des bois.

76. Hesperia Agricola.

Port de *Sylvanus*, taille d'*Actæon*. Dessus des ailes plus
noirâtre que dans ces deux espèces. Celui des supérieures
ayant l'épi prolongé jusqu'au sommet par une liture noi-
âtre, une rangée transversale de points jaunes entre la

bordure et ce même épi. Celui des inférieures avec la bordure noire assez large et la base plus ou moins rembrunie. Dessous des premières ailes jaune, avec l'épi moins prononcé qu'en dessus ; celui des secondes jaune, avec une espèce de bande transverse, presque médiane, d'un ton plus pâle. Je ne connais pas la femelle.

77. Hesperia pratincola.

Taille et port d'*Actæon*. Dessus des ailes d'un jaune plus gai, presque sans bordure, offrant seulement dans certains individus mâles quelques traits triangulaires noirâtres sur les nervures ; celui des supérieures avec l'épi, comme dans *Sylvanus*, ordinairement surmonté vers le sommet d'un trait noirâtre plus ou moins effacé. Dessous d'un jaune assez uniforme ; celui des supérieures ayant vers le sommet, sur la côte, une petite tache un peu plus pâle que le fond, à peine distincte ; l'épi moins prononcé qu'en dessus ; celui des inférieures sans taches. Femelle plus grande, avec une bordure noirâtre, dentée en scie ; celui des supérieures ayant une raie oblique, noirâtre, correspondant à l'épi du mâle, surmontée vers le sommet d'une tache de la même couleur. Dessous des premières ailes à peu près comme dans le mâle ; celui des inférieures offrant une rangée transversale, irrégulière, de taches un peu plus pâles que le fond.

Vole en juin sur les fleurs.

78. Hesperia ruricola.

Taille et port de *lineola* ; les ailes un peu plus sinuées, à peu près du même jaune, avec une petite bordure brune, fondue ; les supérieures ayant l'épi aussi prononcé que dans *Sylvanus*, marqué longitudinalement d'une petite ligne blanchâtre. Dessous des ailes jaune, avec toute la surface des inférieures et le sommet des supérieures un peu plus verdâtres que dans *Sylvanus*. Nous n'avons pas vu la femelle.

Voltige sur les fleurs, au bord des bois.

79. Hesperia campestris.

Cette espèce est distincte, au premier coup d'œil, de toutes les autres espèces californiennes, par la grosse tache tronquée, noire, qui forme l'épi des ailes supérieures. Port et taille de l'espèce précédente. Ailes du même jaune, avec une bordure brune assez large, et la frange d'un jaune pâle. Les ailes supérieures du mâle marquées au sommet, sur l'extrémité de la bordure, de deux ou trois points de la couleur du fond. Les inférieures avec le disque plus ou moins lavé de noir dans son milieu. Dessous des ailes d'un jaune assez pâle, presque uniforme ; celui des supérieures marqué au sommet de trois petites taches plus pâles ; celui des inférieures avec une ligne transverse de petites taches semblables, se détachant mal de la teinte générale. Nous n'avons vu que des mâles.

Voltige en juin dans les lieux arides.

80. Hesperia Sabuleti.

Taille et port d'*Enys* et de *Zabulon*, de l'Amérique septentrionale, c'est-à-dire un peu plus petite que notre *Actæon*. Ailes à peu près du même jaune que dans notre *Sylvanus*, avec une bordure brune assez large, dentée en scie sur les supérieures ; ces dernières ayant l'épi plus court et plus tronqué que dans *Sylvanus*, accolé à une tache un peu grisâtre : dessous d'un jaune un peu pâle, avec une rangée de traits bruns légèrement sagittés ; celui des inférieures offrant vers la base une rangée de traits semblables. Femelle notablement plus grande. Dessus des ailes un peu plus pâle ; celui des supérieures offrant, entre la bordure et le disque, une rangée de taches d'un jaune plus pâle que le fond.

Comme on le voit par la description, cette Hespérie est très voisine d'*Enys*, peut-être même n'en est-elle qu'une variété locale.

81. **Hesperia cernes**, Boisd. et Leconte. Iconogr. des Lépidopt. de l'Amér. sept. pl. 76, fig. 1, 2.

Plus rare que les précédentes.

82. **Hesperia phylæus**, Drury. Ins. i. pl. 13, fig. 4, 5.

Habite les parties herbeuses, au pied des montagnes.

83. **Hesperia? vestris.**

Je ne connais de cette espèce qu'une femelle, de sorte que je ne puis pas assurer qu'elle appartienne au genre *Hesperia*, tel que nous le comprenons aujourd'hui. Il est très possible, au contraire, qu'elle fasse partie d'un genre voisin, dont les mâles sont dépourvus d'épi comme les femelles, et qui renferme une infinité d'espèces exotiques, *Accius, Mathias,* etc., peuvent être considérés comme type de ce groupe. L'espèce en question a le port et la taille de *Nostradamus* femelle. Dessus des ailes d'un brun un peu roussâtre ; celui des supérieures offrant quatre petites taches d'un blanc un peu transparent, dont deux très petites, ponctiformes, près de la côte ; les deux autres, plus grosses, dans les ramifications de la nervure médiane ; celui des inférieures sans taches. Dessous plus terne, plus pâle, un peu plus grisâtre, avec les mêmes taches qu'en dessus.

Habite les lieux arides.

Remarque. Pour les Hespérides, nous n'avons point donné de phrase diagnostique, parce que nous avons cru que cela était inutile, et que l'on les reconnaîtrait facilement après la comparaison minutieuse que nous en avons faite avec des espèces parfaitement connues.

HÉTÉROCÈRES.

M. Lorquin s'est peu occupé des Lépidoptères de cette division, et nous n'aurons que quelques espèces à décrire. Presque toujours en voyage d'un endroit à un autre, il s'est trouvé dans l'impossibilité d'élever les chenilles qu'il rencontrait.

SPHINGIDES.

84. Pterogon Clarkiæ.

Alæ anticæ olivaceæ fascia transversa pallida ; posticæ flavæ margine tenui nigro ; omnes subtus olivaceæ.

Port et taille de *Gauræ*, de Géorgie. Ailes supérieures d'un vert-olive, avec l'extrémité lavée d'un peu de blanc-verdâtre et une bande transversale blanchâtre assez étroite. Ailes inférieures du même jaune que dans notre *OEnotheræ*, avec une petite bordure noire. Les quatre ailes d'un vert-olivâtre en dessous , avec une bande blanchâtre sur les inférieures. Corps olivâtre.

Nous n'avons vu qu'un seul individu.

Nous avons donné à cette espèce le nom de *Clarkiæ*, par analogie, car nous croyons pouvoir assurer d'avance qu'elle se nourrit d'une plante de la famille des OEnothérées.

85. ARCTONOTUS LUCIDUS.

Lucidus, cinereo-lutescens aureo quasi nitens, thorace concolori villosissimo; alæ anticæ fusco sub-bifasciatæ; posticæ violaceæ margine obscuriori.

Taille de notre *OEnotheræ*. Ailes bien entières; les supérieures d'un gris-jaunâtre, à reflet brillant, jaune, marquées de deux ou trois bandes transverses plus obscures, dont la plus tranchée sinuée et placée près de l'extrémité. Ailes inférieures violettes, avec l'extrémité d'un pourpre obscur et la frange plus pâle. Corps très court ; corselet très velu, de la couleur des premières ailes. Antennes très fortes. Dessous des ailes d'une teinte grisâtre, avec le disque des supérieures ferrugineux.

Environs de San Francisco.

Je n'ai vu que deux individus, dont l'un m'a été donné par feu mon excellent ami Edward Doubleday, et dont l'autre, beaucoup plus beau, fait partie de la riche et belle collection du British Museum , que M. Ed. Gray, le savant directeur du département zoologique, a mise à ma disposition avec une obligeance parfaite. Je me trouve heureux de pouvoir ici, à propos de cette espèce, lui offrir, ainsi qu'à tous les zoologistes anglais, mes sincères remercîments pour l'accueil cordial dont ils ont bien voulu m'honorer pendant mon séjour à Londres.

AGARISTIDES.

86. Agarista guttata.

Nigra thoracis maculis binis anoque flavis; alæ anticæ guttis seu maculis circiter 18 flavis signatæ; posticæ immaculatæ.

Un tiers plus grande que notre *Callimorpha Dominula.* Dessus des quatre ailes noir : les inférieures sans taches, les supérieures offrant sur toute leur surface environ dix-huit taches d'un jaune pâle, la plupart arrondies, et dont deux ou trois, situées vers la côte, sont très petites et ponctiformes. Corps noir, avec les épaulettes et l'écusson d'un jaune pâle ; extrémité de l'abdomen fauve, ainsi que la tête. Dessous des ailes supérieures comme le dessus.

Se trouve en été dans les bois. Rare.

GLAUCOPIDES.

87. Glaucopis latipennis.

Alæ latæ nigræ maculis flavido-pallidis, pectore croceo.

Cette espèce, dont je n'ai vu qu'un individu, semble s'éloigner un peu des véritables *Glaucopis* par son corps plus grêle et ses ailes beaucoup plus larges. Ailes noires, marquées chacune sur le disque d'une tache d'un jaune très pâle, divisée en trois parties inégales ; les supérieures ayant en outre, près du sommet, une bande oblique formée de quatre taches du même jaune. Corps d'un noir-bleu. Poitrine marquée de fauve.

Vole en juin dans les bois.

CHÉLONIDES.

88. Chelonia Dahurica, Boisd. Icones.

Un individu de la Californie, pris dans les montagnes, ne diffère pas d'une manière appréciable de celui que nous avons reçu des environs de Barnaoul, il y a vingt ans environ.

89. Chelonia caja, Linné.

Semblable à nos individus européens. Les ailes inférieures peut-être un peu plus pâles.

Habite les montagnes.

90. Chelonia virginalis.

Alæ anticæ nigræ maculis circiter viginti flavido-albidis; posticæ fulvæ fasciis nigris; abdomen subtùs nigrum, suprà fulvum cingulis nigris.

Cette belle espèce a le port et la taille de notre *Villica*, mais elle se rapproche davantage, par ses antennes presque filiformes dans le mâle, de notre *Matronula*. Dessus des ailes noires, avec environ vingt taches du même jaune que dans *Villica*. Ailes inférieures également du même fauve, avec trois bandes et les principales nervures noires; la bande de l'extrémité incomplète, finissant bien avant l'angle anal; quelquefois toutes ces bandes sont réunies par les nervures, le fond est alors noir, quadrillé de fauve. Tête fauve; corselet noir, avec les épaulettes jaunes; écusson fauve; corps fauve en dessus, avec des anneaux noirs, d'un bleu-noir en dessous. Dessous des secondes ailes comme le dessus. Dessous des supérieures avec les taches de la base et du milieu fauves. Femelle semblable au mâle.

Environs de San Francisco.

91. Arctia fuliginosa, Linné.

Ne diffère pas de nos individus européens.

92. Arctia vagans.

Murina vel cinereo-lutescens ; alæ anticæ immaculatæ ; posticæ nigræ fimbria cinereo-lutescenti ; omnes subtùs cinereæ lunula nigra.

Taille des plus grands individus de *Fuliginosa*. Ailes supérieures et corselet d'un gris-jaunâtre. Ailes inférieures noires, avec la frange largement d'un gris-jaunâtre. Abdomen d'un gris-noirâtre. Dessous des quatre ailes d'un gris-jannâtre, avec une lunule noire sur le disque de chacune. Antennes des mâles assez fortement pectinées.

Nord de la Californie.

BOMBYCITES.

93. Orgya vetusta.

Alæ anticæ fuscæ fascia ad basin pallidiori maculaque anali alba ; posticæ fusco-rufescentes.

Taille et port de notre *Antiqua*. Ailes supérieures brunes, offrant près de la base une petite raie transverse blanchâtre, n'atteignant pas la côte ; un peu au-delà du milieu, en tirant vers la côte, une éclaircie d'un grisâtre pâle ; et, enfin, à l'angle anal une petite tache blanche comme dans les espèces analogues. Ailes inférieures d'un brun-roussâtre, ainsi que le dessous des quatre ailes.

ZEUZÉRIDES.

94. Cossus Robiniæ.

Alæ anticæ pallide cinereæ fusco-fasciato-strigulato-marmoratæ ; posticæ maris luteæ basi nigra, feminæ fuscæ.

Le mâle de cette espèce est, au premier coup d'œil, très différent de la femelle, par ses ailes inférieures jaunes, avec la base et le bord abdominal noirs. Dessus des ailes supérieures d'un gris-blanchâtre dans les deux sexes, très finement maillé de brun, ayant en outre sur le milieu une espèce de bande brune mal définie, mais bien indiquée vers le bord interne ; une rangée de points bruns sur la frange, à l'extrémité des nervures. Ailes inférieures de la femelle brunes, paraissant très finement maillées par la transparence du dessous. Corselet de la couleur des ailes supérieures, plutôt écailleux que velu. Abdomen noirâtre. Dessous des ailes à peu près comme en dessus.

La chenille vit dans le tronc des faux Accacias (*Robinia*). On trouve aussi cette espèce en Géorgie.

SATURNIDES.

95. Saturnia Eglanterina.

Alæ anticæ albido-carneæ, striga basali, fasciis duabus transversis, fimbria, maculis sagittatis oculoque sub-cœco nigris; posticæ luteæ macula media, fascia transversa sagittisque marginalibus nigris.

Cette espèce, l'une des plus belles qui aient été trouvées par M. Lorquin en Californie, n'appartient pas au genre *Saturnia* proprement dit. Elle a le port et la taille du *Proserpina* figuré dans Smith-Abbot.

Dessus des ailes supérieures d'un blanc-jaunâtre légèrement incarnat, saupoudré d'un peu de noirâtre à la base, avec la côte et deux bandes transversales noires; l'une, près de la base, se liant à un gros trait longitudinal de la même couleur; l'autre, près de l'extrémité, courbe, mais non sinuée; entre ces deux bandes il y a une tache noire arrondie, ou espèce d'œil, marqué d'un petit croissant blanchâtre; la frange est aussi largement noire et se lie à des traits sagittés de la même couleur, situés sur les nervures. Ailes inférieures d'un beau jaune d'ocre, marquées au milieu d'un gros point noir en place d'œil, au-delà du milieu, d'une bande noire, courbe, s'alignant avec celle des supérieures; frange noire, donnant naissance à des traits sagittés de la même couleur. Tête et prothorax ferrugineux, corselet mélangé de jaunâtre; abdomen de la couleur des ailes inférieures, plus pâle en dessous, et un peu annelé de noir. Dessous presque comme le dessus. Antennes noires, pennées dans le mâle, à peine ciliées dans la femelle.

Ce bel insecte a été élevé de chenilles trouvées sur les Eglantiers, rosiers sauvages, sur les bords du San-Joachim.